U0064048

中國海洋夢

巨龍出海

鍾林姣 ◎編著

盧瑞娜 ◎繪

中華教育

我是「遼寧」艦，是中國
第一艘航空母艦。

很多人都說我是個大傢伙，看起來像一條海上巨龍。

　　沒錯，我確實十分巨大，艦長比十節火車車廂還要長；我滿載時的吃水深度比三層樓還高。我各種設施齊全，超市、洗衣間、郵局、食堂、健身室……就如一個移動的海上社區。

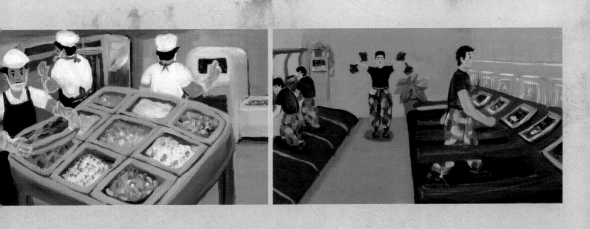

我的身體這麼大，無法自在地去許多地方，
會不會好無聊？
一點也不。
每天看着太陽升起，迎着海風深深呼吸，
感覺真是太好了！

我的誕生凝聚了許多許多人的汗水，我身上的每一個零件，我穿的海軍灰新衣，都是工作人員歷經了無數個日日夜夜取得的成果。

我的生命中有很多值得銘記的時刻。
2012 年 9 月 23 日，我首次亮相。

兩天後，我正式入列中國海軍，
開始服役，並擁有了一個閃閃發亮的
新名字——遼寧。

中國航母從這裏啟航

2013 年 9 月 25 日，我入列海軍一週年。
在此期間，我先後完成了艦載機連續起降、駐艦
飛行、短距滑躍起飛等試驗。

2016年12月24日，我們航母編隊赴西太平洋海域開展遠海訓練，這也是我第一次出遠海訓練。

碧海長空，戰機依次呼嘯着從我身上飛起，真是酷極了。

我喜歡看着戰士們開着戰機像雄鷹一樣衝入雲霄，我保持着仰望藍天的姿勢，等待他們回來。

我是他們的家，他們是我的家人。

2017年1月12日，我前往南海參加訓練時，
經過台灣海峽，那是個美麗的地方。

2017 年 7 月 7 日，香港回歸 20 週年，我去參加慶祝活動，看到了香港回歸祖國後的輝煌。

到了參觀開放的時間，即使天空飄雨，大家還是熱情
不減。我被大家的熱情和喜悅感染，心激動地怦怦直跳。

我相信，在以後的時間裏，
我會見證更多的輝煌和美好。
「沒錯，一定是
這樣。」我的好朋
友大海也這麼說。

我有許多夢想，每一天早晨，我都被夢想叫醒，被夢想叫醒的人是幸福的。

當小海鷗飛過時，有那麼一會兒，我會夢想自己的身體像小海鷗那般輕盈。

我最大的夢想，
是保衛國家和人民，
這也是我的使命。

因為我有許多先進的武器
裝備，有許多人怕我，其實這
是不了解我。

我非常熱愛和平，我願意
和全世界熱愛和平的人交朋友。

中國海洋夢

請記住我 ── 我是「遼寧」艦！
我是中國第一艘航空母艦！

「遼寧」艦大事記

2011 年 8 月 10 日至 2012 年 8 月 30 日

　　完成改造的航母平台先後進行了 10 次海試。

2012 年 9 月 25 日

　　中國第一艘航空母艦「遼寧」艦正式交付海軍，胡錦濤、溫家寶等中央領導出席交接入列儀式，並登艦視察。

2012 年 11 月 25 日

中國媒體首次報導了殲-15 艦載機成功在航母上起降的消息。

2013 年 2 月 27 日

「遼寧」艦首次抵達青島航母軍港。

2018 年 4 月 12 日

「遼寧」艦參加中央軍委在南海海域舉行的新中國歷史上規模最大的海上閱兵。

中國海洋夢

巨龍出海

鍾林姣 ◎ 編著

盧瑞娜 ◎ 繪

出版 / 中華教育

香港北角英皇道 499 號北角工業大廈 1 樓 B 室

電話：(852) 2137 2338　傳真：(852) 2713 8202

電子郵件：info@chunghwabook.com.hk

網址：http://www.chunghwabook.com.hk

發行 / 香港聯合書刊物流有限公司

香港新界荃灣德士古道 220–248 號荃灣工業中心 16 樓

電話：(852) 2150 2100　傳真：(852) 2407 3062

電子郵件：info@suplogistics.com.hk

印刷 / 迦南印刷有限公司

香港新界葵涌大連排道 172–180 號金龍工業中心第三期 14 樓 H 室

版次 / 2022 年 1 月第 1 版第 1 次印刷

©2022 中華教育

規格 / 16 開（206mm x 170mm）

ISBN / 978-988-8760-54-1

責任編輯：梁潔瑩

裝幀設計：龐雅美

排版：龐雅美

印務：劉漢舉

本書繁體版由大連出版社授權中華書局（香港）有限公司在香港、澳門、台灣地區出版